# 不可思议的发明

## 魔法厨房

[加]莫妮卡·库林/著　[英]大卫·帕金斯/绘　简严/译

人民东方出版传媒
People's Oriental Publishing & Media

东方出版社
The Oriental Press

图书在版编目（CIP）数据

不可思议的发明 . 魔法厨房 / (加) 莫妮卡・库林著 ; (英) 大卫・帕金斯绘 ; 简严译 .
— 北京 : 东方出版社 , 2024.8
书名原文：Great Ideas
ISBN 978-7-5207-3664-0

Ⅰ . ①不… Ⅱ . ①莫… ②大… ③简… Ⅲ . ①创造发明—儿童读物 Ⅳ . ① N19-49

中国国家版本馆 CIP 数据核字 (2023) 第 213175 号

This translation published by arrangement with Tundra Books,
a division of Penguin Random House Canada Limited.

中文简体字版专有权属东方出版社
著作权合同登记号　图字：01-2023-4891

**不可思议的发明：魔法厨房**

（BUKESIYI DE FAMING：MOFA CHUFANG）

作　　者：［加］莫妮卡・库林　著
　　　　　［英］大卫・帕金斯　绘
译　　者：简　严
责任编辑：赵　琳
封面设计：智　勇
内文排版：尚春苓
出　　版：东方出版社
发　　行：人民东方出版传媒有限公司
地　　址：北京市东城区朝阳门内大街 166 号
邮　　编：100010
印　　刷：大厂回族自治县德诚印务有限公司
版　　次：2024 年 8 月第 1 版
印　　次：2024 年 8 月第 1 次印刷
开　　本：889 毫米 ×1194 毫米　1/16
印　　张：2
字　　数：23 千字
书　　号：ISBN 978-7-5207-3664-0
定　　价：158.00 元（全 9 册）
发行电话：（010）85924663　85924644　85924641

版权所有，违者必究
如有印装质量问题，我社负责调换，请拨打电话：（010）85924602　85924603

## 莉莲的宁静时光

致波比·米勒

破晓时分
旭日冉冉，溢出橙光
宛如软软的溏心蛋
缓缓地溢出蛋黄


莉莲端着暖暖的热茶
坐在窗前的藤椅上
大地尚未苏醒
家人都还睡得正香

莉莲小口小口饮着茶
琢磨当天有哪些活儿要干
不一会儿，嬉闹的孩子们
就会闯入她的宁静时光

莉莲和丈夫弗兰克·吉尔布雷斯住在新泽西州蒙特克莱尔的一栋大房子里，他们有11个孩子（两人一共生了12个孩子，其中一个不幸夭折），每到星期天，一家人就挤进汽车外出兜风。

　　弗兰克喜欢按喇叭："嘀——"

　　行人听到声音停下来盯着这一大家子，感叹道："哦，天哪，11个孩子？真是难以想象！"

　　莉莲性格腼腆，总是提醒丈夫："别老按喇叭。"

1878 年，莉莲·莫勒·吉尔布雷斯出生在加利福尼亚州的奥克兰。她家境显赫，住在一座豪华的庄园里，生活起居有仆人服侍，但莉莲不想娇生惯养、养尊处优。她决定去上大学，莉莲渴望自己的人生充满冒险和挑战。这在生活在 1900 年左右的女性中是十分罕见的，而且她还获得了心理学博士学位。1904 年，她和弗兰克·吉尔布雷斯结婚了，开始了她期待的生活。

莉莲和弗兰克都是"效率专家"，他们教工人如何在最短的时间内完成尽可能多的工作。弗兰克认为做每一项工作都有最好的方法。莉莲觉得，如果工作环境舒适，人们又热爱自己所从事的工作，他们会做得更好。莉莲不仅是企业管理专家，还是心理学家。

　　吉尔布雷斯夫妇使用新发明——摄影机来拍摄工作中的工人。然后，他们反复研究影片，看工人干活时是否有一些不必要的动作。他们发现，避免多余的动作，既可以让工作更高效，还能更轻松。

莉莲和弗兰克在家里也很注重效率，他们用"吉尔布雷斯法则"来管理家庭。"法则"里的图表上标明了每一个孩子的"工作"：刷牙、洗澡或者铺床。孩子们每完成一项任务，他们就在图表上贴一个标记。

　　吉尔布雷斯家每周举行一次家庭会议。有一次开会时，威廉姆提出来："我想养条狗。"

　　"不行！"弗兰克大声拒绝道，"养狗太麻烦了。"

　　"但是，"莉莲心平气和地说，"照顾宠物对孩子们的成长有很多帮助，再想想孩子们和狗相处的欢乐时刻吧。"

　　全家人投票后，弗兰克输了。鹰石路68号很快就多了一条狗。

莉莲和弗兰克的吉尔布雷斯公司，到1924年已经在动作研究领域远近闻名。弗兰克应邀去欧洲的管理大会上发言。他在火车站取票时，打电话让莉莲核对下他的护照。莉莲放下电话去找护照。

　　当莉莲再次拿起话筒时，电话中已无人回应。弗兰克在拉克万纳火车站的电话亭中倒下了，死于心脏病。

不幸从天而降，莉莲忧心如焚。她将如何独立抚养 11 个孩子长大？她要怎样才能挣到足够的钱来负担孩子们的食品、衣物和教育费用？

有亲戚表示可以领养一两个孩子。莉莲的母亲提出女儿全家可以去她那儿，因此莉莲召开了家庭会议。她问孩子们："我们要去加利福尼亚州和外祖母一起生活吗？"

投票的结果是不去。莉莲和她的 11 个孩子将继续留在新泽西州蒙特克莱尔的大房子里一起生活。

弗兰克的葬礼结束了，几天之后，莉莲踏上了开往欧洲的轮船。她决定去会上替弗兰克做发言，这样他俩在动作研究领域的付出才不会被人遗忘。

当莉莲回到家，她又面临着另一个问题：家中已经捉襟见肘。莉莲只好卖掉汽车，辞退厨师。莉莲和她的两个大一些的女儿欧内斯廷和玛莎，从此得学着动手做饭了。

莉莲非常需要工作，但当时的工厂不愿聘用女性企业管理者，即使她拥有20年的丰富经验。

威廉姆每天在家门口接莉莲时都会问："妈妈，你找到工作了吗？"

幸福的一天终于到来了，莉莲高兴地回答道："找到了，我找到工作了！"

美国最大的百货商场梅西百货，聘请了莉莲，让她负责优化现金室的业务操作。

在 20 世纪 20 年代，大多数商店都不用收银机保管钱，而是使用压缩空气滑槽将钱集中到一个地方。把整理好的钱先装进盒子里，然后"哧溜"一声通过空气滑槽发射到楼上的现金室。

莉莲发现梅西百货的现金室环境嘈杂、光线昏暗，职员们的座椅也不舒服。莉莲很快就改变了这种状况，梅西百货的老板对她的工作很满意。

在家里，莉莲、欧内斯廷和玛莎一起做饭时，简直像在制造一场暴风雨。她们总是相互挡道，"丁零当啷"地来回碰撞。

有一天，莉莲的手指突然被摩擦器擦伤。"哎哟！"她痛得叫了出来。环顾着自家的老式厨房，莉莲陷入沉思：厨房是家庭温暖的心脏，应该井然有序。她决定把自己应用在工厂管理中的空间节省、步骤简化的理念运用到家里来。

莉莲剪开一个棕色的纸袋，在上面画了一张厨房布局的草图，整个布局既实用，又能提高工作效率。

莉莲的厨房设计使用了循环法来安置操作台、器具和水槽。她认为厨房器具彼此之间要离得近，伸手就能够得到碗柜。假如需要的东西都伸手可及，厨房的活儿做起来可就轻松多了。那是1927年，莉莲·吉尔布雷斯的人生再次改变。

　　不久之后，布鲁克林煤气公司聘请莉莲优化厨房设计，莉莲胸有成竹。她先后采访了4000多名家庭主妇，找出了她们的厨房有哪些不好用的地方。根据这些信息，莉莲设计了井然有序、操作高效而又舒适的厨房。

有一天，莉莲和玛莎在厨房里做弗兰克爱吃的苹果蛋糕。玛莎在搅拌面糊，她抱怨道："妈妈，这活儿实在是太累人了。"

　　莉莲停下来想了想：为什么不用搅拌机来干这些活儿呢？于是她设计了一台电动搅拌机。有了搅拌机，搅拌面糊时胳膊再也不会酸疼无力了！

　　莉莲开始琢磨家里其他效率低下的厨房用具，比如垃圾桶。她想，如果不用弯腰去揭开桶盖，那就轻松多了。于是，莉莲发明了脚踏式垃圾桶，只要一踩踏板，桶盖就会自动弹开。

接下来是冰箱。莉莲发明了冰箱门上的隔层，用来分门别类地存放黄油、鸡蛋和奶酪等。

莉莲还为家庭主妇设计了办公桌，供她们坐在桌旁规划一周的日程安排或支付各种账单。这项设计，被称为"吉尔布雷斯工作台"，1933年在芝加哥的世界博览会上展出。

　　莉莲·吉尔布雷斯开创了"人体工程学"工作场所的设计研究。她在厨房设计中应用的人体工程学方法始终关注用户的体验感。

### 忙忙碌碌的莉莲

莉莲·吉尔布雷斯的一生充满挑战：成群的孩子，成堆的工作和数不清的"幸福时刻"。1966年，她被美国政府授予胡佛奖章，成为获此殊荣的第一位女性；1984年，她成为美国首位被发行纪念邮票的女性心理学家。

莉莲还是电影《父亲大人》和《群梦乱飞》的主角原型，这两部影片展示了热闹的吉尔布雷斯大家庭是如何生活的。

在莉莲·吉尔布雷斯的一生中，她是效率专家、企业管理家、发明家、心理学家，还是作家和教授。但她总说自己最喜欢的角色是做一位母亲。